本书由国家林业和草原局林草调查规划院负责实施的 UNDP-GEF“加强中国东南沿海海洋保护地管理，保护具有全球重要意义的沿海生物多样性”项目支持

中华白海豚科普故事

白海豚的神秘来信

编著 彭 耐 鄢默澍 袁 军 孙玉露 王一博 张梦然
绘图 梁伯乔 施倩倩

中国林业出版社
China Forestry Publishing House

2

主要角色

目录

1. 探秘海底化石

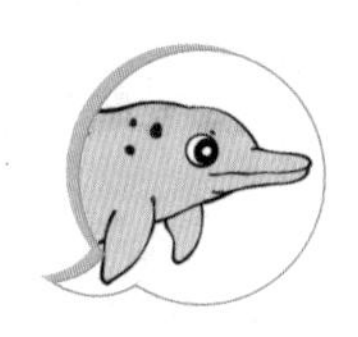

科科：

展信安！

告诉你一个重大消息，我们发现了一处海底山洞，你猜山洞的石壁上有什么？你一定猜不到，那上面是一条好大好大的鱼类骨骼化石！

那天，灰星鲨威威火急火燎地把我和绿海龟贝贝拉过去，说他又发现了一个好地方，直觉告诉他里面蕴含着海洋动物起源的秘密。

“海洋动物的祖先是怎样的？”

“各种海洋动物之间有什么不同？”

……

这些问题我们几个伙伴经常讨论，但每次都没有结果。听到威威的大发现，我们都迫不及待地想去看看，于是就兴冲冲地跟着他来到了海底的一个洞中。

洞不大，大鱼的骨骼就像图画一样嵌在山洞的石壁上，鱼的尺寸并没有威威说的那么大，也就和我大表哥虎鲸差不多大小。贝贝是我们当中知识最渊博的，他说这应该是很久以前的鱼骨化石，能保存得这么完整，简直就是时间的奇迹，贝贝还激动地在现场吟诗一首：

很久很久以前，
这片大海，
生活着一条大鱼。
很久很久以前，
这片大海，
还生活着一群小鱼。

大鱼看到小鱼，
开心地追上去。
小鱼发现大鱼，
拼了命地逃跑。

时光流逝，
大鱼却追不上小鱼了，
因为老了。

大鱼慢慢地死去，
尸体沉入海底，陷入淤泥里。

时光流逝，
大鱼的肉腐烂了，
只剩下坚硬的鱼骨，
还保持着原来的样子。

淤泥一层一层堆积，
鱼骨被埋在了很深很深的海底，
和泥沙融为一体。

时光流逝，
鱼骨变成了化石，
直到海底发生了大地震，
化石显露了出来，
还保持着原来的样子。

一群探险的勇者发现了它，
我们，就是勇者。

我和威威一边听着贝贝的“打油诗”，一边仔细观察着这个鱼骨化石。

“原来我们身体里的骨骼是这样啊。咦，怎么这条鱼背上鱼鳍的位置也有骨骼？”我感觉很奇怪，因为我的背鳍是软软的，肯定没有骨骼。我把这个发现告诉了伙伴们，威威却说：“背鳍当然有骨骼了，我就是用骨骼控制背鳍来保持身体平衡的。”说完他还演示了一下，他的背鳍真的会动。

我满脑子疑问，继续观察鱼化石，在胸鳍的位置，有一条条平行的骨骼，我试着滑动了一下自己的胸鳍，总觉得胸鳍的骨骼也和鱼化石上的不一样。这时候，贝贝凑了过来，说：“可能海洋哺乳类动物和海洋鱼类的骨骼不一样吧，就像你和威威的呼吸器官也不一样，一个用肺，一个用鳃。”

说到这里，我们都想起了上次威威组织的憋气大赛，威威的脸一红，干咳了一声，连忙转移话题：“这海洋世界里的生物好多样呀，真奇妙，哈哈哈……”

后来，我们又看了很久鱼骨化石，我的疑问也越来越多，

我的骨骼怎么和很久以前的鱼类有那么多不同呢？

科科，你知道答案吗？

祝你也能见到一些奇妙的生物化石！

好奇的江江

科科的回信

江江：

展信佳。

绿海龟贝贝真的很博学！他说得没错，海洋哺乳动物和海洋鱼类的骨骼是不一样的。

这还要从远古时候说起，当时的海洋里，有部分鱼类从海洋走向了陆地，经过漫长的时间，演化成了两栖动物、爬行动物和哺乳动物。

后来部分陆地哺乳动物又因为种种原因，重新回到海洋生活。你所属的鲸豚类，就是这群哺乳动物中的一类。

你们的祖先慢慢演化出像鱼一样的身体外形结构，适应了水中的生活，比如背部肌肉隆起后形似“背鳍”，前肢长成“胸鳍”，后肢长成“尾鳍”，使得你们如今可以自由欢畅地在水中游泳。

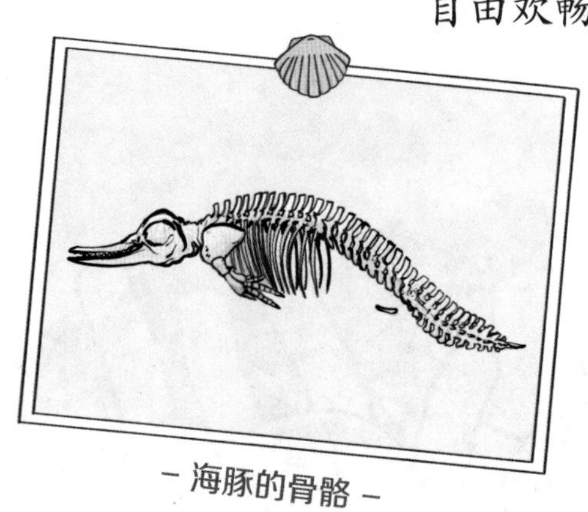

– 海豚的骨骼 –

背鳍的主要作用是防止海洋动物在快速游动时身体不受控制造成侧翻。游得越快，侧翻的风险就会越高，因此海洋鱼类几乎都有背鳍，像威威那样，而且鱼类的背鳍里都有骨骼，就像你看到的化石那样。

令你困惑的重点来了，要知道，你们鲸豚类的祖先是没有背鳍的，是你们祖祖辈辈在适应海洋生活的过程中，慢慢演化出了类似背鳍的结构。但你们的背鳍只是背部皮肤和皮下组织的隆起，里面并没有骨骼。演化至今，鲸豚大家族中，有一个身体特征，背鳍越高，游得越快，比如你们中华白海豚；游得慢的，背鳍就相对较低。但是，也有个别例外。看到这儿，你的疑惑是不是解除了一些？

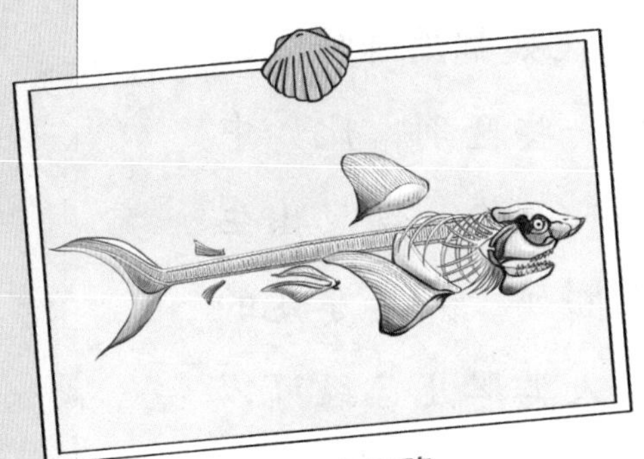

– 鲨鱼的骨骼 –

正如你所感觉到的，你胸鳍的骨骼结构，也不是像大鱼化石里那种一条条平行的骨骼，而是像展开的五根手指，和我们人类的手骨非常像，因为它是由你们鲸豚祖先的前肢（相当于我们人类的胳膊和手掌）演化而来的。这种演化让我想到了蝙蝠，蝙蝠是会飞的哺乳动物，但它们没有真正的翅膀，而是在五根指头间长出了翼膜，看上去像翅膀一样，若是仔细观察翅膀的骨骼，仍然是五根指头的结构。

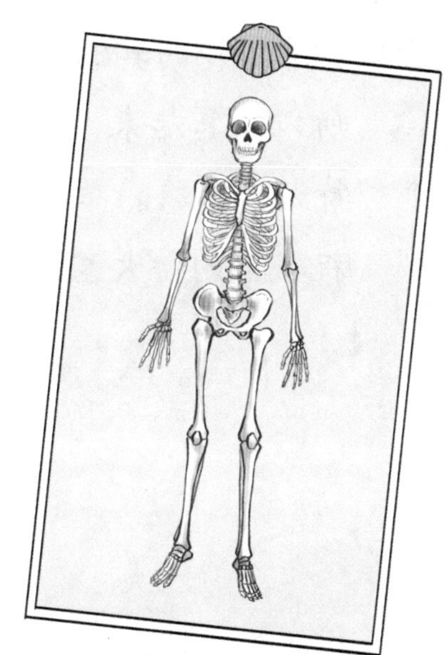

– 人类的骨骼 –

不知道你有没有发现，其实你的尾鳍也和鱼化石不一样，海洋鱼类尾鳍是竖直的，游动时左右摇摆，而你们鲸豚类是平的，游动时是上下摇摆的。

其实中华白海豚和人类还有很多相似的地方，比如都用肺呼吸、体温恒定、怀胎产子并用乳汁育儿等。当然也有一些区别，比如中华白海豚每分钟换气 2~3 次，人类每分钟换气 16~20 次；幼崽出生后进食母乳，中华白海豚大部分会在 3 岁后逐渐断奶。人类婴儿的哺乳期一般持续 12~24 个月，但 6 个月的时候，人类婴儿已经可以食用乳汁以外的其他食物了。

所以，算起来，咱们还是亲戚呢，因为我们都属于哺乳动物这个“特大”家族。

祝我们的特大家族兴旺又和睦！

跟你一样有“五根手指头”的科科

2. 椰子漂流瓶

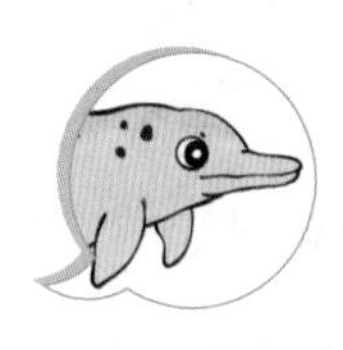

科科：

特大家族的大哥哥，展信佳！

我最爱的夏季到了，热热的海风吹起浪花，也把一个个成熟的椰子吹到了海里，椰子漂啊漂，从东边漂到南边，又从南边漂到北边。

每当这个时候，我们海洋里的动物就要举办一场热闹的椰子漂流瓶活动。有的动物喜欢分享，就会捡一个空椰子，然后把自己想说的话“写”在椰子上，再把椰子放回海里，让椰子带着自己的分享漂向天涯海角；有的动物喜欢读故事，就会去捡有内容的椰子，看看别的动物在分享什么，海洋里有什么新鲜的事情发生。

我就特别喜欢捡有内容的椰子漂流瓶。

- 跳跳 -

很快，我就捡到了第一个椰子漂流瓶，它来自弹涂鱼跳跳。跳跳住在陆地与海洋交界的浅滩上，那里有许多神奇的植物，这些植物的根又长又大，牢牢扎入泥中，像一个个稳固的支架，一点儿都不怕海浪拍打。这些植物在一起，抵御住了海风和海浪，给了他们一个安全的家。招潮蟹、白鹭、翠鸟等动物也开心地生活在这里，跳跳希望捡到椰子漂流瓶的朋友，去他生活的红树林里做客。

第二个椰子漂流瓶来自老朋友绿海龟贝贝。他最近生活在有许多珊瑚的地方，在漂流瓶里，贝贝对珊瑚礁的美丽大大地赞美了一番，像“岂如阆苑蟠桃树，一花一实三千春”之类，我们都看不懂的“龟话”。不过我们经常去他那里玩，亲眼看到过珊瑚礁的美丽。珊瑚礁色彩斑斓、形态各异，里面还生活着鹦嘴鱼、龙虾、小丑鱼等海洋动物，大家都很喜欢珊瑚礁这个美丽又安全的家园。

- 刀刀 -

第三个椰子漂流瓶是秋刀鱼刀刀写的，

刀刀住在一个食物很充足的地方，每天都有吃不完的虾。鳕鱼、鲑鱼、沙丁鱼也生活在那里，大家都吃得胖乎乎的。但他们的活动空间很小，有很多网阻止他们游出去，世界很大，他们好想出去看看。

科科，看了椰子漂流瓶的内容，我好想去旅行，去他们说的地方看看，尤其是刀刀说的地方，肯定有好多好吃的。还有，一般水果掉到海里就下沉了，为什么椰子能在海上漂流呢？

祝你可以经常外出旅行！

佩服椰子能一直漂的江江

江江：

你们可真会玩，居然想到把椰子当作漂流瓶，用它来传递信息。

椰子是最适合海洋漂流的水果了，它们的外壳有很多纤维，像松软的木头，可以很轻松地漂浮在海面上，但这个外壳又很坚固，可以避免被海鸟或者海洋动物啃食，所以它们能在海上漂

浮很久，直到遇上合适的陆地，才生根发芽。

椰子里还有好喝的椰子水，是很珍贵的淡水哦！就像人类无法饮用海水一样，椰子也是无法直接吸收海水的，所以椰子树妈妈让椰子带着自己的营养液，在海上漂流的时候方便补充水分。

– 红树林生态系统 –

弹涂鱼跳跳说的地方应该是红树林。那里的植物非常有特点，长着密集而发达的根系。这些根不仅支撑着植物，同时，也可以帮助红树植物呼吸。红树林保护了海岸免受风浪的侵蚀，成为许多生活在潮间带动物的庇护所，因此红树林又被称为“海岸卫士”。

不过红树林里的植物，外观上看并不是红色的，而是绿色的。之所以用“红树林”这一略带奇幻色彩的名字，是人类发现红树植物的树皮含有大量的单宁。单宁是种酸酸涩涩的东西，据我所知，跳跳和其他的鱼类、鸟类，都不喜欢吃。单宁遇到空气就会迅速变成红褐色。我们人类还可以从红树植物的树皮里提取出红色染料！

绿海龟贝贝生活的地方，应该属于珊瑚礁生态系统。陆地上的

热带雨林是生物多样性最丰富的地区，珊瑚礁生态系统则被称为海洋中的“热带雨林”。生长珊瑚礁的面积虽然只占全球海洋面积的 2%，却生活着人类已知的约四分之一的海洋生物物种。珊瑚礁生长得非常缓慢，但破坏它却很容易，你们可要好好爱护珊瑚礁哦！

- 珊瑚礁生态系统 -

看似幸福的秋刀鱼刀刀其实很可怜，他可能生活在人类建造的渔场里。那里虽然食物丰富，但渔网非常危险，你可千万不要因为贪吃而去那里，被渔网缠住的话可是非常危险的。但是也有许多秋刀鱼自由地生活在大海里哦！

祝你的生活安全而有趣！

生活在城市里的科科

3. 再遇偷鱼贼

科科：

许久没有向你分享我的趣事了。

今天我和灰星鲨威威去捕鱼的时候，忽然发现礁石上有一道很熟悉的白色身影，看着他那贼头贼脑的样子，我们猛地反应过来，这不就是跟我们抢鱼吃的黑枕燕鸥吗？

“可算被我们逮到了，这次要好好教训他。”威威眼珠子一转，说：“我们偷偷过去，然后跳起来溅他一身水。”我想起黑枕燕鸥从我嘴里把小鱼抢走时的嚣张样子，激动地连忙点头：“一定要好好教训他。”

我们快速地游过去，一起高高跃起，又猛地扎入水中，只听“哗啦”一声，溅起的浪花就把黑枕燕鸥从头到脚淋了个遍，可他只是原地抖了抖翅膀，并没有飞起来逃走。

“好嚣张的偷鱼贼，被我们看到了，居然不跑！”威威气呼呼地说。

“什么偷鱼贼，我叫老白！我们黑枕燕鸥世世代代都是这样捕鱼的，海洋是大家的，我们海鸟也有份啊！”黑枕燕

鸥说，“再说我早看到你们了，要不是我身上粘了奇怪的液体，飞起来很吃力，就凭你们两条‘傻鱼’，根本别想把水泼到我身上。”

刚想向老白辩解，我不是鱼，目光却被他身上的奇怪液体吸引了。老白身上原本白色的羽毛粘上了一些黑色的液体，还有股刺鼻的味道，隐隐透露出危险的气息。我们也顾不上批评他偷鱼了，忙好奇地问他这些液体是哪里来的。

回忆起液体的来历，老白露出了惊恐的表情。他和一群燕鸥，飞到比较远的海域捕鱼，那里的海水不像往常那样清澈，而是有层黑黑的液体浮在上面。但大家当时都没在意，还是像往常一样下水捉鱼。后来，恐怖的事情发生了，粘到黑色液体的燕鸥们，再怎么努力也飞不起来了，只好在海面上随波漂荡。但是如果一直不能飞起来，也就不能捕鱼吃了，很有可能会饿晕过去。

– 老白 –

老白还算幸运，没有去黑色液体集中的区域捕鱼，只粘到了一些，浑身黏黏的，好在还能勉强张开翅膀

飞行。他就一口气飞了回来，在礁石上休息的时候，刚好遇到了我和威威。

听到这儿，我和威威都吓坏了，海洋中居然有这么危险的黑色液体，好在我们活动的地方没出现过。

我也很奇怪老白为什么跑那么远去捕鱼。老白叹了口气说："我也不想跑那么远啊，以前我都在近海区抓鱼。但这几年，人类活动越来越多，旅游的、开船的、造桥的……我每天都是趁天还没亮就开始捕鱼，等人类开始在海上工作了，我们海鸟就只能往更远的海域去捕鱼了。那里风大浪急，寻找一个落脚点都很难，现在又出现了这种黑色液体，唉……"

听完老白的讲述，我们都很难过，现在海洋生活确实不如以前宁静了……

科科你知道那些黑色的液体是什么吗？为什么海鸟粘上了就飞不起来，这些液体对我们其他的海洋生物都会有危险吗？

祝你生活愉快！

有点害怕的江江

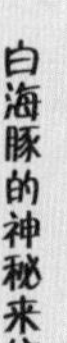

科科的回信

江江：

你好！

替我向黑枕燕鸥老白问好，希望我这封信能帮到他。

现在的海洋污染情况确实让人很担忧。

— 身上粘了石油的黑枕燕鸥 —

老白遇到的黑色液体叫“石油”，是一种深埋在地底下的东西。目前人类科学家也不知道它们是怎么出现在地球上的，但是可以肯定的是，它们至少存在于地球成千上万年，甚至上亿年或者更久。石油出现在海面上，大概率是人类活动导致的，比如海上油气开采、船舶运输等。

这些石油，像淤泥一样又沉又黏，海鸟们一旦粘上了，就会导致体重增加，飞行能力、游泳能力降低，甚至出现完全飞不动的情况。淤泥可以用水清洗掉，石油却完全不能，所以粘上大量石油的海鸟，最后只能饿死或者溺水而亡。

有的海鸟只粘上少量石油，暂时还能继续飞行，但也很危险，因为石油会破坏海鸟羽毛的结构，使羽毛失去防水、保温的能力。

不知道此时老白怎么样了，有没有清理干净羽毛？

石油对海洋动物的影响很大，一定要小心呀。在被石油污染的海域，用肺呼吸的海洋动物，如鲸鱼、海豚、海象等，由于要浮出水面呼吸，会因为鼻孔或喷水孔被油块堵塞而窒息；有体毛的海洋动物，如海獭等，会和海鸟一样，因体毛被粘住而丧失保温能力以致被冻死；对鱼类来说，石油中的有毒成分会降低存活率。

此外，石油漂浮在海面上会形成一层膜，阻碍水体与大气之间的气体交换，导致藻类和浮游生物死亡。

我们人类也一直在想办法治理海洋石油污染：研发专门的设备隔离干净的水域，回收海上残留的石油，研发吸油和能够快速分解石油的材料……处理海洋石油污染一直是一项很困难的工作，石油可以垂直渗透到海面以下 3 米处，甚至更深，但目前人类的处理措施只能针对漂浮的石油。

说了这么多沉重的话题，总算有个好消息告诉你们。豚博士告

诉我，石油泄露引起了人类的重视。为了救助被石油污染的海鸟，已经成立了海鸟急救中心，为海鸟清洗油污。像黑枕燕鸥老白那样的轻度污染，只要经过简单的清洗就能完全恢复飞行能力了，我把位置发给你，你快去告诉他这个好消息。

等到老白又能自由自在地飞行时，可要小心你们的鱼再被他抢了哦，哈哈哈！

祝你和康复的老白和睦相处！

着急的科科

4. 嘈杂的海洋

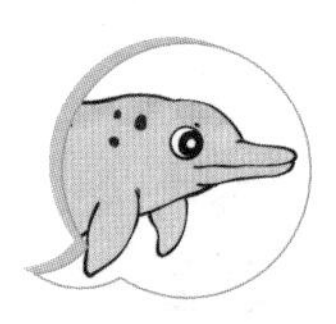

科科：

谢谢你！

按照你说的地点，我和灰星鲨威威带黑枕燕鸥老白，去了志愿者组建的海鸟急救中心，经过简单的清洗，老白已完全恢复飞行能力了，我们也因此成了好朋友，成立了捕鱼小分队。有了老白的空中侦察，再配合我的声波定位，我们捕鱼的能力提升了一大截。

每天吃着鲜美的鱼虾，我们不知不觉骄傲起来，但很快就因为大意栽了跟头。

那天，老白又发现了一个小鱼群，我立刻用声波锁定了鱼群的位置，威威准备发起总攻。可这时候，远方传来了沉闷的低吼声，吼声快速地靠近，接着就是一声刺耳的鸣笛，吓得老白“嗖”的一下飞出去好远。“轮船来了！”我被轮船产生的噪

声振得头晕目眩，根本无法再定位鱼群。

“威威快躲开，轮船很危险。”

可威威不愿意放弃到嘴的鱼，还是冲了出去。游轮很快到了我们眼前，威威展现出超高的游泳技巧，在几艘轮船间躲闪腾挪，很快就吃到了小鱼。

但吃这条鱼的代价可不小，它的尾巴被一艘轮船的螺旋桨划了一下，鲜血直流，疼得威威嗷嗷叫，好在伤口不深。

我赶紧陪着威威到绿海龟贝贝那里治疗。好些天后，威威伤口才愈合，尾巴上留下了一道伤疤。我们都觉得为了一条小鱼受伤很不值得，但威威却觉得，伤疤是鲨鱼的勋章，怎么能因为一点儿危险就放弃猎物呢？

看着威威尾巴上的伤疤，我忽然觉得有点伤感。以前每天太阳从海平面升起，我们就会开始一天的

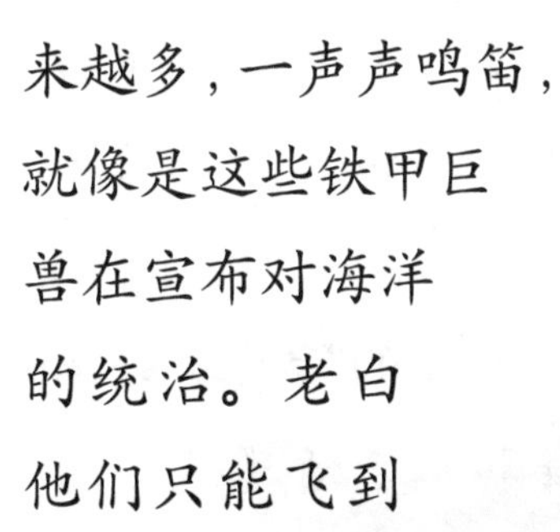

玩耍、捕鱼。可现在轮船越来越多，一声声鸣笛，就像是这些铁甲巨兽在宣布对海洋的统治。老白他们只能飞到

更远的海域捕鱼，而我们中华白海豚更是整日受到轮船噪声的困扰，却又无法躲得更远，毕竟这里才是我们赖以生存的家啊！

我听其他海域的中华白海豚兄弟说，他们那里不但有许多轮船来往，还有造桥和填海等工程，噪声大得已经无法生活了，他们不得不做最坏的打算，准备要冒险去寻找新的家园了。

祝你的生活环境安静美好！

被吵得睡不着觉的江江

科科的回信

江江：

展信安！

看了你的信，我都替被噪声包围的你们焦躁。

在我以前的想象中，海洋总是宁静的，有各种海洋动物发出咕噜声、鸣叫声，还有珊瑚礁发出的类似篝火的“噼啪”声。

但来到保护区学习后，我才知道原来人类的活动给海洋增添了好多好多的噪声。随着人类在海洋和水下活动范围的

扩大，越来越多的噪声淹没了海洋原本的自然声音。

噪声干扰了很多海洋生物的交流、捕猎和迁徙，扰乱了海洋生物的日常生活，甚至会伤害海洋生物的健康，将你们置于危险的境地。

可以稍稍安慰你的是，近年来人类的环保意识在不断提高，在启动造桥、开辟航道、勘探海洋资源等工程之前，都会先评估对环境的影响。豚博士经常参与这种事情，就是为了降低工程对中华白海豚及其他海洋动物的影响。

我们国家近年完成的“超级工程”——港珠澳大桥，就将对中华白海豚的保护贯穿到了整个施工过程中。

比如，采用新的施工技术，减少噪声对中华白海豚和其他海洋生物的影响；合理安排工期，尽量避免在4—8月中华白海豚繁殖高峰期进行大规模作业；限制施工轮船在低速下航行；回收海上施工人员产生的生活垃圾、废水并带到陆上处理，减少对周边底栖生物、鱼类和中华白海豚的不利影响，等等。

更让人高兴的是，每一条施工船上，都安排有一名海豚观察员，他们的工作就是用望远镜观察施工船附近水域，一旦发现有中华白海豚的踪影，就立刻通知停工，等海豚离开后再施工。

有一次，东人工岛正在做砂桩施工，观察员突然发现岛旁几百米的地方出现了两头中华白海豚，根据“500 米以内停工观察，500 米以外施工减速”的原则，砂桩作业立刻停工。结果，两头调皮的中华白海豚在该海域一玩就是 4 个多小时，工人们也足足等了 4 个多小时。

现在，连接着香港、珠海和澳门三地的港珠澳大桥已经竣工了，“大桥通车，中华白海豚不搬家”的承诺也实现了。

江江，虽然你家最近很嘈杂，但是请你们相信，随着科学技术的进步和人类生态意识的提升，海洋噪声问题肯定会有解决的一天。至少可以更合理，让你们能够每天都有清净的时间，可以捕鱼，可以休息。

祝愿你的生活环境尽快恢复宁静！

也想清净的科科

5. 海洋大扫除

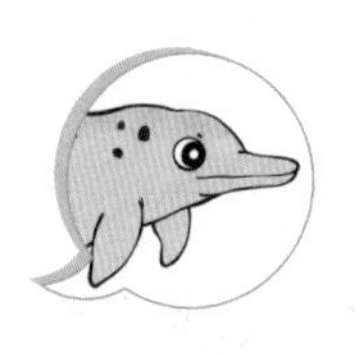

科科：

谢谢你的告知，希望你说的安静生活能早点到来！

我最近发现，我们生活海域里的垃圾多了起来，有玻璃瓶、塑料袋、破渔网等，不但污染了环境，还带来了很多风险。

有很多海龟把塑料袋当成水母吃下了肚子，导致消化不良，这件事情我之前也和你说过；有些体形小的鱼，在游玩的时候，撞到了透明的玻璃瓶子直接晕了过去；还有一些体形大的鱼类，不小心被破渔网缠住了鱼鳍，完全没法游泳，只好找来“电锯狂魔”——尖齿锯鳐，才把渔网锯开。

为了清理这些海洋垃圾，保护海洋居民的安全，最近我和灰星鲨威威、绿海龟贝贝一起发动大家，搞了一个海洋大扫除活动。

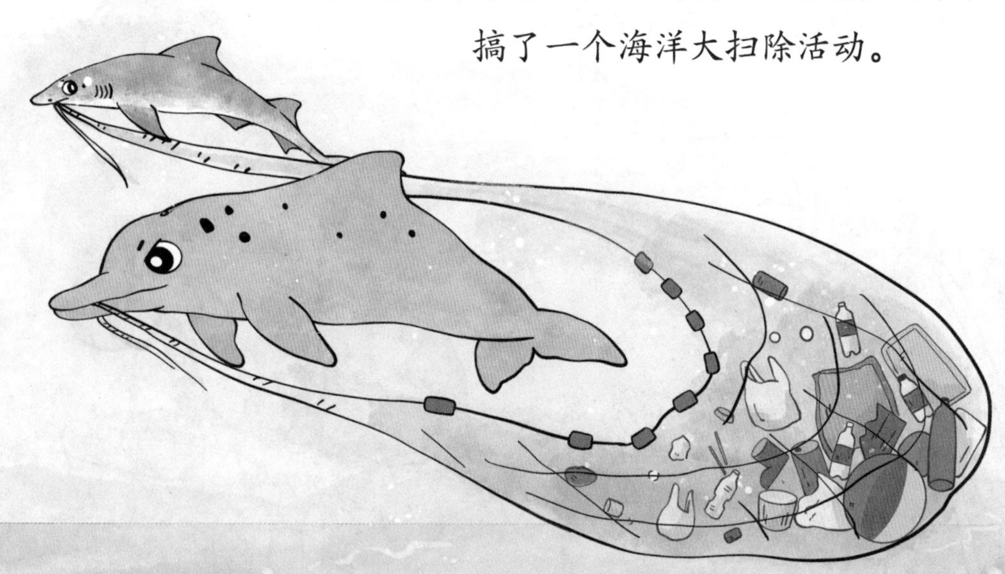

我和威威找来了一张破渔网，一左一右拉着，把浮着的塑料袋、塑料瓶都网进了渔网里。由于我们的眼神都不好，很难识别白色、透明的塑料袋和玻璃瓶，所以特地请来了视力很好的乌贼喷喷做我们的侦察员，帮助我们发现这些讨厌的垃圾。

大章鱼们负责打扫沉入海底的垃圾，伸出一只只触手把垃圾从淤泥里捡起来，一只触手抓着一件垃圾，再“噗”的一声，从肚子里喷出一股水，并利用水的反推力迅速移动，把垃圾运往垃圾堆。

各种小鱼们用海草做了些扫把，把玻璃碴、电池、烟头等小型垃圾扫进木箱子，再由贝贝组织的海龟运输队，把这些装满垃圾的木箱子驮到垃圾堆。

经过 7 天的劳动，我们打扫出了一座像小山一样高的垃圾堆，生活的海洋区域也干净了不少，海洋居民们都很高兴。

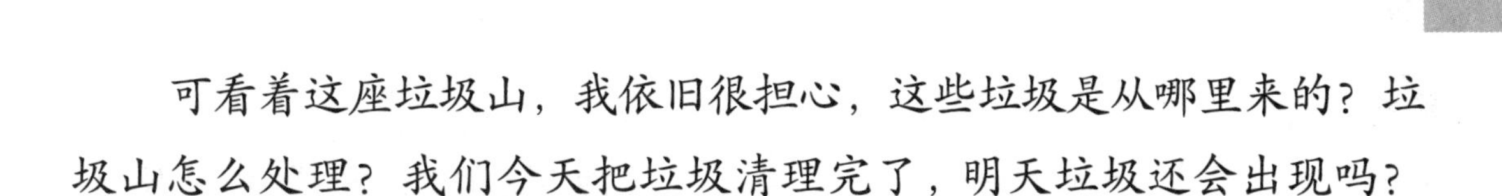
可看着这座垃圾山，我依旧很担心，这些垃圾是从哪里来的？垃圾山怎么处理？我们今天把垃圾清理完了，明天垃圾还会出现吗？

筋疲力尽的江江

江江：

你的来信我收到了。

家园里漂来那么多垃圾，谁能不糟心呢？真希望我也在，可以帮你们一起大扫除。

关于你信尾的提问，我不得不遗憾地告诉你：恐怕还会有新的垃圾来到你的生活环境。

海洋垃圾的种类很多，有塑料袋、烟头、快餐盒、破渔网和玻璃瓶等，有些漂浮在海面上，有些沉入了海底。这些海洋垃圾中，塑料类的生活垃圾占了绝大多数，所以我专门问了豚博士关于海洋塑料垃圾的情况。

海洋中的塑料垃圾来源很多。有的是暴风雨把陆地上掩埋的塑料垃圾冲到了大海里；有的是少数人在海上旅游、工作时，将塑料垃圾倒入了海中；有的是因为各种海上事故，比如货船在海上遇到风暴导致集装箱里的货物掉到了大海里；还有就是内陆的生活垃圾，随着河流来到了大海。

由于海水是流动的，所以你们遇到的塑料垃圾不一定来自附近，它们很多可能都是“流浪者”，是从很远的地方漂流过来的。

听豚博士说，1992 年，有一艘货船在太平洋遭遇风暴，

船上3万多只塑料小黄鸭玩具全部掉到了海里。这件事在当时并没有人在意，直到这些小黄鸭开始出现在世界各地的海岸上，才引起了大家的关注。

因为洋流等原因，3万多只小黄鸭落水后，慢慢分成了两队，开启了它们的海洋之旅。其中有2万多只小黄鸭顺着太平洋，经过了印度尼西亚、澳大利亚、南美洲等地；另一支“小黄鸭舰队”北上经过了白令海峡，进入北冰洋，又绕着格陵兰岛和冰岛，最终进入了北大西洋。

小黄鸭的这段漂流经历持续了整整15年，漂流了3.5万千米，绕了半个地球。最后，这些小黄鸭有的被冲上了夏威夷、阿拉斯加、南美洲、澳大利亚和太平洋西北部的海岸，有的被冰封在北极冰层中，还有的到达了苏格兰和大西洋的纽芬兰。

说了这么多地方，你可能也迷糊了，简而言之，就是几乎到达了全世界的海洋。

还有的专家说，很多小黄鸭可能留在了太平洋里的“垃圾岛”。

这个“垃圾岛”可是一个令人头疼的地方。

形成太平洋“垃圾岛”的海域，位于夏威夷与加利福尼亚之间，那里有一个巨大的海洋漩涡，慢慢地将漂流在大洋各处的垃圾聚集到一起。根据2018年的估算，这片“垃圾岛”的面积已经达到了大

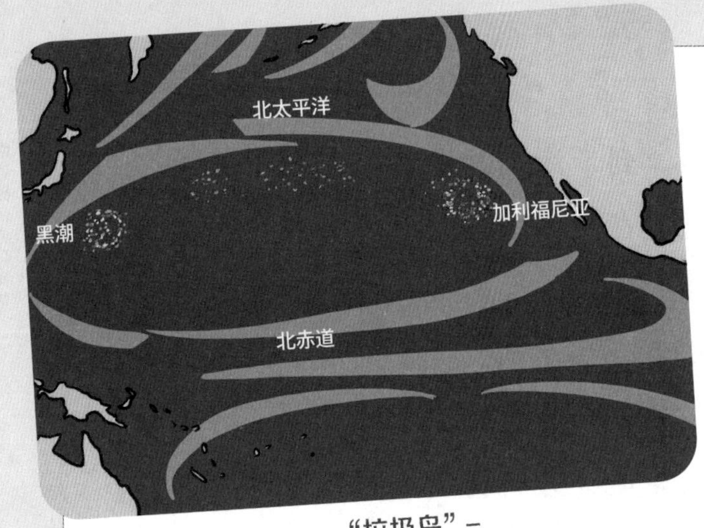

–“垃圾岛”–

约160万平方千米。这片巨大的“垃圾岛”主要由塑料垃圾组成，总重量超过了8万吨！

要知道在你们家族，最大的鲸鱼——蓝鲸，一头可以有180吨。8万吨，大概有444头蓝鲸聚在一起那么重！我真怕这些数字把你吓到。

但你也别太灰心，为了应对海洋垃圾污染，一方面人类已制定法律约束污染海洋的行为；一方面很多国家启动了海洋垃圾清理行动，到目前为止已经打捞了许许多多的海洋垃圾；同时，科技在进步，易降解的新材料在不断出现，比如新型降解塑料已经在国内外被逐渐推广，万一成为海洋垃圾，只需要在海水里浸泡一段时间，就会全部分解，减少了海洋的垃圾降解负担。

在海洋生活真不容易，但我们还是要充满希望地拥抱生活，是吧，亲爱的江江。

祝愿我们大家的海洋不再有污染！

体重只有130斤的科科

6. 海洋魔术师与五好邻居

科科：

你好吗？

我非常同意你所说的：要充满希望地拥抱生活！这不，我这封信就又要和你分享趣事了。

最近我们海洋区域评选出了一位魔术师和一户五好邻居，看到这儿，你一定很好奇吧？哈哈，别急，等我慢慢道来。

那天，我和灰星鲨威威、绿海龟贝贝一起出门游玩，突然被一声吆喝吸引了，“快来看一看，瞧一瞧，章鱼家族绝活表演，走过路过不要错过！”

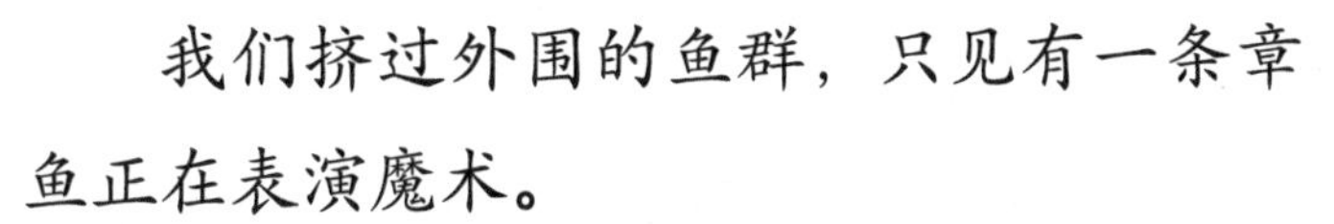

我们挤过外围的鱼群，只见有一条章鱼正在表演魔术。

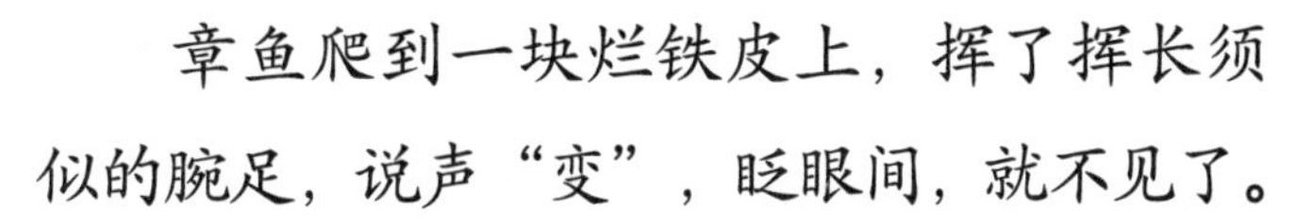

章鱼爬到一块烂铁皮上，挥了挥长须似的腕足，说声“变”，眨眼间，就不见了。

威威不相信，游过去一瞧，嘿！原来章鱼并没有溜走，而是把身体的颜色变得跟烂铁皮一模一样，所以神奇地隐身了。

大家都鼓起掌来。

得到鼓励的章鱼很开心，表演兴致更高了，他摆摆腕足示意大家安静，然后爬到一个旧木箱边，大声说："请大家再看我表演绝活——钻缝儿。"说着就钻进木箱里了。

过了好一会儿，贝贝突然惊喜地叫起来："嘻！他从这儿钻出来啦！"

大伙凑近一瞧，只见章鱼把身子压得像纸一样薄，硬是从木箱裂缝里钻了出来。

"再来一个！再来一个！"大伙儿对章鱼的绝活佩服得五体投地。

章鱼"海洋魔术师"的称号就此传开了。

"五好家庭"的称号是我们海洋居委会颁给寄居蟹的。

寄居蟹长年住在空螺壳里，螺壳就是他的房子。随着寄居蟹的个子越长越大，他会不断更换更大的"房子"。而每次更换"房子"，他都会把邻居海葵大姐一起搬过去。

海葵大姐长得很漂亮，像开在大海中的菊花。有些不知内情的

人总以为海葵是海里的植物，其实海葵大姐是动物，像寄居蟹一样能吃能喝，但是，她没有脚，不会行走，只能附生在螺壳或是珊瑚礁上。

海葵大姐曾经很不好意思地对寄居蟹说："寄居蟹兄弟，别再为我费事啦！平时你背着房子走来走去，已经够辛苦的，再加上我这个不能走路的，你就更辛苦啦！"

但寄居蟹却说："海葵大姐，咱们一直是好邻居，今天怎么说起这么见外的话？有你这位好姐姐在我的屋顶上住着，还真能给我壮胆子呢！你头顶上那些花瓣一样的触手不停地活动着，能够赶跑咱们共同的敌害，还能帮忙一起捉小鱼。跟你住在一起，我不用担心食物和安全的问题。说心里话，我是真不愿意和你分开呀！"

从此以后，寄居蟹住在新房子里面，海葵大姐住在屋顶上。寄居蟹走到哪里，就把房子背到哪里，海葵大姐也就跟到哪里。海洋居委会也就把"五好邻居”的称号颁给了他们。

科科，我觉得我们海洋动物不但有各种各样的习性、各种各样的本领，还有各种各样的关系，海洋世界真的很多姿多彩呢，我越来越爱它了！

祝你的生活也多姿多彩！

美慕别人有房子的江江

江江：

读了你的信，感觉那个开心又好奇的江江回来了，我真高兴啊。

是啊，章鱼和寄居蟹都是很有趣的海洋生物呢！其实很多海洋植物也很有趣，像有些海藻，虽然没有一般植物的根、茎、叶，却能通过光合作用生产氧气。

各种各样的海洋动物、海洋植物还有海洋微生物共同组成了多姿多彩的海洋世界，形成了复杂的海洋生态系统，我们人类称之为海洋生物的多样性。

让人痛心的是，许多海洋动物面临不同的生存风险，甚至是物种灭绝，被你们称为“美人鱼”的儒艮（rú gèn），就是其中一种。

儒艮的外形和海牛很像，但有一条类似鲸鱼的尾巴。作为海洋哺乳动物，他们要经常浮出水面呼吸。在黑夜或者大雾天，儒艮出水呼吸的轮廓很像卧在水面的美丽姑娘，所以我们也叫他们“美人鱼”。丹麦有位叫安徒生的爷爷，创作了关于小美人鱼的童话故事，几乎全世界的人类儿童都听过这个故事。

儒艮以海草为食，可惜随着人类海洋活动范围的扩大，中国近海的海草床已大规模地退化和消失，儒艮失去了生存的环境。另外，早期的过度捕捞也导致儒艮数量快速减少。

自 2008 年以来，中国近海就再也没见到过儒艮。如果安徒生爷爷生活在现在，可能就写不出小美人鱼这样

的童话故事了。

现在，我们正努力保护海洋生物的多样性，希望许多许多年后，我们依旧能看到会变魔术的章鱼，在一起生活的寄居蟹和海葵，让故事大王以他们为原型，创作出优秀的童话故事，感动全世界的小朋友和大人。

祝我们的海洋永远多姿多彩！

- 儒艮 -

希望可以看见“美人鱼”的科科